中小学生金融知识普及丛书·快乐理财系列　总编　刘福毅

单琳琳　李茜◎编著

KUAILE YANGYANG XUE LICAI

快乐羊羊学理财

U0301215

中国金融出版社

责任编辑：孔德蕴　戴早红

责任校对：孙　蕊

责任印制：裴　刚

图书在版编目（CIP）数据

快乐羊羊学理财（Kuaile Yangyang Xue Licai）/ 单琳琳，李茜编著．—北京：中国金融出版社，2012.6

（中小学生金融知识普及丛书·快乐理财系列）

ISBN 978-7-5049-6275-1

Ⅰ．①快…　Ⅱ．①单…②李…　Ⅲ．①财务管理—青年读物②财务管理—少年读物　Ⅳ．① TS976.15-49

中国版本图书馆 CIP 数据核字（2012）第 022911 号

出版
发行　**中国金融出版社**

社址　北京市丰台区益泽路 2 号

市场开发部　（010）63266347，63805472，63439533（传真）

网 上 书 店　http://www.chinafph.com

　　　　　　（010）63286832，63365686（传真）

读者服务部　（010）66070833，62568380

邮编　100071

经销　新华书店

印刷　北京侨友印刷有限公司

尺寸　185 毫米 ×260 毫米

印张　8

字数　66 千

版次　2012 年 6 月第 1 版

印次　2012 年 6 月第 1 次印刷

定价　35.00 元

ISBN 978-7-5049-6275-1/F.5835

如出现印装错误本社负责调换　　联系电话（010）63263947

金融教育从娃娃抓起努力
提高全民金融意识

为"中小学生金融知识普及丛书"题

二〇一三年五月 李贵鲜

编委会成员名单

顾　　问：刘　伟

学术指导：焦瑾璞

编委会主任：夏芳晨

编委会副主任：安　宁　李传顺　刘福毅　刘世明

编委会委员：许　静　孙长庚　闵令民　汪　雷　修　琦

刘安奎　史跃峰　王新声　张立海　齐君承

黄春强　梁君生　马　杰　朱金禄　黄千文

常保华　崔建生　潘国波　庄　岩

总　　编：刘福毅

副总编：郑录军　李万友　孙广明　陈光升　徐广平

总策划：徐广平

策　　划：杨金柱　肖云波　李东亮　韩东方　魏征业

统　　稿：王宗华　王　萍　薛炳群

组　　织：潍坊市金融学会

序　言

　　随着我国社会主义市场经济的不断发展，金融日益向社会的每个角落渗透。不但办企业、开公司要存款、贷款、资金结算，个人生活也要经常存款、取款、刷卡消费、贷款买房，有了闲钱还要炒炒股、理理财，开辟一下财源。很明显，金融已经生活化了，生活也金融化了，可以说，现代生活离开金融寸步难行。但是，凡事都有两面性，近年来金融创新层出不穷，令人眼花缭乱，在为经济和社会生活带来极大便利的同时，也把风险带给了人们。作为个人，只有了解金融，具备一定的金融知识，才能趋利避害，真正做到金融为我所用，提高生活质量；作为国家，只有广泛普及金融知识，提高公众的金融素质，加强风险教育，才能维护金融稳定，加快金融发展，进而促进社会和谐。

　　相对于金融发展的要求而言，我国的金融教育仍十分滞后，社会公众接受金融知识的渠道和手段相当匮乏。作为全国人大代表，近年来，我一直呼吁普及金融知识，呼吁从小学生开始加强金融教育。在西方发达国家，20世纪90年代其中小学校就已经开展了金融教育，美国更是把每年的4月作为金融扫盲月，反观我国，至今仅有上海开展了相关普及活动。

　　《中小学生金融知识普及丛书》的问世，令人欣喜，填补了国内中小学生金融知识普及方面的空白。细细读来，我感觉丛书有以下几个突出特点：其一，趣味性。这套丛书图文并茂，大量使用漫画插图、故事性体裁及网络语言，很容易吸引中小学生读者。其二，实践性。丛书用最通俗的语言文字，结合国内金融市场中理财产品的实际情况，介绍了一些常见的理财工具。其三，系统性。丛书内容没有面面俱到，但重点突出，有一个严谨的知识体系，由浅入深、由表及里，在普及理财知识的同时兼顾普及经济金融知识，并且针对不同阶段的学生，内容也有所侧重。其四，启发性。一本好书不仅要把知识灌输给读者，更重要的是要能打开读者思考的闸门。在这方面，丛书无疑作出了很大的努力。

"十年树木，百年树人。"无论是着眼于培育高素质的金融消费者，还是造就合格的金融从业人员，加强对中小学生的金融教育，塑造讲诚信、懂金融、知风险、会理财的当代新人，都是一项利在千秋、居功至伟的事业。这一事业才刚刚起步，任重而道远，希望《中小学生金融知识普及丛书》能够帮助中小学生逐步了解和积累金融常识，树立正确的风险意识和价值观念，也希望有更多的像《中小学生金融知识普及丛书》一样优秀的图书问世，为普及金融知识、加强公众金融教育添砖加瓦。

中国人民银行济南分行行长

杨子强

dà jiā rèn shi yí xià ba
大家认识一下吧

mián mián
绵绵

本书的主角，一只快乐的羊羊，五岁的幼儿园小朋友，爱思考，志向是当小小理财专家，他和幼儿园的小朋友们都正朝这个方向努力呢！

mián mián de bà ba mā ma
绵绵的爸爸妈妈

yòu ér yuán de tiān é lǎo shī hé kǒng què lǎo shī
幼儿园的天鹅老师和孔雀老师

目 录

dà shōu cáng jiā

大收藏家

1

大收藏家

阳光明媚的星期一，小朋友们排着整齐的队伍去参观犀牛伯伯的私人博物馆。犀牛伯伯是草原上有名的钱币收藏家，他的博物馆里收集了从古到今各式各样的钱币。

bù yí huì er xiǎo péng yǒu men jiù dào le xī niú bó
不一会儿，小朋友们就到了，犀牛伯

bo zhèng zài mén kǒu xiào mī mī de děng zhe dà jiā ne xiǎo péng
伯正在门口笑眯眯地等着大家呢。"小朋

yǒumen huānyíngcānguān wǒ de sī rén bó wù guǎn
友们，欢迎参观我的私人博物馆。"

商朝 贝壳

suí hòu　　tā dài lǐng zhe xiǎo
随后，他带领着小

péngyǒumen jìn rù le bó wù guǎn
朋友们进入了博物馆。

shǒu xiān yìng rù yǎn lián de shì yí gè
首先映入眼帘的是一个

bèi ké　　　yí　　bó bo　　nín de qián bì bó wù guǎn lǐ wèi shén
贝壳，"咦？伯伯，您的钱币博物馆里为什

me huì chū xiàn bèi ké ne　　xiǎo māo táng táng yì liǎn yí huò
么会出现贝壳呢？"小猫糖糖一脸疑惑。

zài xiān qín shí qī　　hái méi yǒu yòng jīn shǔ zhù zào de qián
"在先秦时期，还没有用金属铸造的钱

bì　　shāng cháo rén jiù shì yòng bèi ké zuò wéi qián bì lái mǎi
币，商朝人就是用贝壳作为钱币来买

mài dōng xi de
卖东西的。"

接着小朋友们就看
到了各式各样的钱币，犀牛
伯伯娓娓道来："小朋友
们，战国时期，各国出现
了铁钱，秦国使用圆形方
孔钱，齐国使用刀形币，
赵国使用铲形币，楚国使
用蚁鼻形币。"

5

"接下来的这个展柜里是汉代的黄金和铜钱，汉武帝下令使用五铢钱作为货币。而三国时期，布帛、谷物成为主要的流通手段，也就是大家买卖东西是进行物物交换的。但到了隋朝呢，五铢钱又继续使用了，唐代用的是开元通宝，是以后历代钱币的范本。世界上最早的纸币是宋朝的交子。纸币的出现可是对商业发展有巨大贡献啊。"

shuō zhe　　yǐ jing dào le zuì hòu yí gè zhǎn guì　　　jiē
说着，已经到了最后一个展柜。"接

xià lai de dà jiā jiù huì shú xī yì diǎn le　　wǒ men zài diàn shì lǐ
下来的大家就会熟悉一点了，我们在电视里

jīng cháng néng gòu kàn dào　míng qīng shí dài de tóng qián　dào zhè
经常能够看到，明清时代的铜钱。到这

li　zhǎn lǎn yě jiù jié shù le　　　xī niú bó bo zhī shi hǎo
里，展览也就结束了。""犀牛伯伯知识好

yuān bó ya　　　jīn tiān zhēn shì dà kāi yǎn jiè　　xiǎo péng
渊博呀。""今天真是大开眼界！"小朋

yǒu men fēn fēn gǎn tàn　mián mián xīn lǐ xiǎng　wǒ yě yào hǎo
友们纷纷感叹。绵绵心里想，我也要好

hǎo yán jiū qián bì　　zuò gè yǒu zhī shi de rén
好研究钱币，做个有知识的人。

明清时代

铜钱

想一想：小朋友们，你们知道哪些古代时物物交换的例子？你们还知道哪些东西在遥远的古代可以被人们用来当钱使用？

小贴士：物物交换的例子有：用牛换羊、丝绸茶叶换火柴、大米换盐。

古今中外用来当钱的物品有：

巴比伦——粘土板、印第安人——贝壳串珠、中国——银票。

小朋友们，让我们一起看看这些有趣的钱币吧！

有趣的纸币

yǒu qù de zhǐ bì

2

有趣的纸币

课间休息啦，有的小朋友在打羽毛球，有的小朋友在荡秋千，绵绵在干什么呢？他胖乎乎的小手里拿着一张纸币，正在专心致志地看呢。小浣熊毛毛走过来拍拍绵绵的肩膀："绵绵，干什么呢？"

wǒ zài yán jiū qián ne　　　　shuō zhe　 mián mián bǎ
"我在研究钱呢。"说着，绵绵把

zhǐ bì ná gěi máo mao　　　máo mao nǐ kàn　　zhè shì yì zhāng
纸币拿给毛毛，"毛毛你看，这是一张

yì yuán de zhǐ bì　　 tā de zhèng miàn shì máo zé dōng tóu xiàng
一元的纸币，它的正面是毛泽东头像，

tā de bèi miàn shì háng zhōu xī hú shí jǐng zhī yī de sān tán yìng
它的背面是杭州西湖十景之一的三潭映

yuè　　　　é　　zhè ge měi lì　de dì fang wǒ hái céng jīng qù
月。""哦，这个美丽的地方我还曾经去

guò ne　　　 máomao kāi xīn de shuō
过呢。"毛毛开心地说。

"还有，毛毛你看，把纸币对准光线举过头顶，就可以看到空白处出现花卉图案。"绵绵把纸币对准光线，指着出现的花卉图案对毛毛说道。"真的呀，好神奇！"毛毛赞叹。绵绵像个小老师似地接着说道："这是防伪

^{biāo zhì} ^{jiào zuò shuǐ yìn} ^{jiǎ qián jiù méi yǒu shuǐ yìn} ^{ná dào}
标志，叫做水印。假钱就没有水印，拿到

^{yáng guāng xià yí kàn jiù xiàn xíng le} ^{dàn bà ba gào su wǒ yóu}
阳光下一看就现形了，但爸爸告诉我由

^{yú zào jiǎ shǒu duàn hěn duō} ^{jiǎ bì shì bù néng zhǐ yòng zhè yí gè}
于造假手段很多，假币是不能只用这一个

^{fāng fǎ lái jiàn bié de} ^{zhè ge wǒ zhī dao} ^{jiǎ bì de jiàn}
方法来鉴别的。"这个我知道，假币的鉴

^{bié shì yào yòng zhuān yè de yí qì} ^{zuì hǎo shì qù yín háng jiàn bié}
别是要用专业的仪器，最好是去银行鉴别

^{ne}
呢。"

^{máo mao jiē zhe shuō dào} ^{mián mián} ^{zhǐ bì shàng yě yǒu}
毛毛接着说道："绵绵，纸币上也有

^{máng wén} ^{nǐ mō mo kàn yòu xià jiǎo de xiǎo diǎn hé fú hào} ^{shì}
盲文，你摸摸看右下角的小点和符号，是

^{bu shì néng gǎn jué dào tā men tū chū lai} ^{mián mián yì mō}
不是能感觉到它们凸出来。"绵绵一摸，

^{guǒ zhēn shì zhè yàng de} ^{zhè yàng jiù fāng biàn máng rén shǐ yòng}
果真是这样的。"这样就方便盲人使用

^{le} ^{yǐ qián hái zhēn méi zhù yì dào ne}
了，以前还真没注意到呢！"

zhè shí tiān é lǎo shī xiào mī mī de zǒu guò lai
这时，天鹅老师笑眯眯地走过来，

tā gāng gāng tīng dào le liǎng gè xiǎo péng yǒu de tán huà   mián
她刚刚听到了两个小朋友的谈话，"绵

mián máo mao   zhǐ bì shàng de xué wen kě dà zhe ne   nǐ men
绵，毛毛，纸币上的学问可大着呢，你们

yào hǎo hǎo yán jiū yì fān le   liǎng gè xiǎo péng yǒu xīng fèn
要好好研究一番了。"两个小朋友兴奋

de diǎn dian tóu   hǎo de   zhè shì duō me yǒu qù de shì qing
地点点头："好的，这是多么有趣的事情

ya
呀！"

想 一 想：小 朋 友 们，你 们 仔 细 观 察 过
xiǎng yì xiǎng xiǎo péng yǒu men nǐ men zǐ xì guān chá guò

我 们 平 时 所 用 的 钱 吗？
wǒ men píng shí suǒ yòng de qián ma

小 贴 士：人 民 币 票 样 展 示。
xiǎo tiē shì rén mín bì piào yàng zhǎn shì

1. 固定花卉水印

2. 手工雕刻头像

4. 双色横号码

5. 雕刻凹版印刷

3. 隐形面额数字

是谁在造钱？

shì shuí zài zào qián

3

是 谁 在 造 钱 ?
shì shuí zài zào qián

松鼠佳佳是班上有名的小画家，画
sōng shǔ jiā jiā shì bān shàng yǒu míng de xiǎo huà jiā　huà

画棒极了。一天，佳佳打开她的小画板给
huà bàng jí le　yì tiān　jiā jiā dǎ kāi tā de xiǎo huà bǎn gěi

小伙伴们展示一幅新作品。只见大家都
xiǎo huǒ bàn men zhǎn shì yì fú xīn zuò pǐn　zhǐ jiàn dà jiā dōu

睁大了眼睛，原来呀，这次佳佳画了一张
zhēng dà le yǎn jing　yuán lái ya　zhè cì jiā jiā huà le yì zhāng

大大的一元钱。"这是我画了十天才画出
dà dà de yì yuán qián　zhè shì wǒ huà le shí tiān cái huà chū

来的呢！怎么样？"佳佳有些得意。
lai de ne　zěn me yàng　jiā jiā yǒu xiē dé yì

xiǎo yàn zi nī nī biān xīn shǎng biān zàn tàn   huà de zhēn

小燕子妮妮边欣赏边赞叹:"画得真

hǎo   xiàng zhēn de yí yàng   xiǎo zhū pàng pàng hān xiào dào

好, 像真的一样。"小猪胖胖憨笑道:

jiā jiā   yǐ hòu nǐ zhǐ yào dòng dòng huà bǐ jiù yǒu qián le

"佳佳, 以后你只要动动画笔就有钱了!"

jiā jiā xìng fèn de zhí diǎn tóu

佳佳兴奋得直点头。

mián mián xīn shǎng le yí huì   ruò yǒu suǒ sī de
绵绵欣赏了一会，若有所思地

shuō   jiā jiā nǐ de qián méi yǒu shuǐ yìn kě zěn me bàn
说："佳佳，你的钱没有水印可怎么办

ya   duì ya   shuǐ yìn gāi zěn me zuò ne   jiā jiā wéi
呀？""对呀，水印该怎么做呢？"佳佳为

nán le   dà jiā zhèng zài xiǎng bàn fǎ tiān é lǎo shī zǒu jìn le
难了。大家正在想办法，天鹅老师走进了

jiào shì   tīng le xiǎo péng yǒu men de tán huà   tā xiào mī mī de
教室，听了小朋友们的谈话，她笑眯眯地

shuō   jiā jiā huà de zhēn hǎo   dàn qián shì bù néng suí biàn zào
说："佳佳画得真好，但钱是不能随便造

de
的。"

wǒ men yòng de qián zhǐ yǒu guó jiā cái yǒu quán lì zhì
"我们用的钱只有国家才有权力制
zào　　gè rén zào qián shǔ yú wéi fǎ xíng wéi　　　tiān é lǎo shī
造，个人造钱属于违法行为。"天鹅老师
jiē zhe shuō dào
接着说道。

mián mián xiǎng le xiǎng wèn dào　　　lǎo shī　　guó jiā shì zěn
绵绵想了想问道："老师，国家是怎

me zào qián de ne　　　　tiān é lǎo shī róu shēng de shuō　　　　guó
么造钱的呢？"天鹅老师柔声地说："国

jiā yǒu zhuān mén de zào bì chǎng　　lǐ miàn de gōng rén men yòng xiān
家有专门的造币厂，里面的工人们用先

jìn de jī qì　　àn zhào guó jiā guī dìng de biāo zhǔn shēng chǎn qián
进的机器，按照国家规定的标准生产钱

bì
币。"

"哇，听起来好神气！我长大了也要去造币厂上班！"胖胖心驰神往地说道。天鹅老师笑了："胖胖只要好好努力学习，肯定没问题的！好了，咱们该上课了。"天鹅老师走回讲台，教室里安静了下来，要上课啦。

想一想，小朋友们，你们知道平时用的钱都是从哪儿印出来的？和你们的课本是一个地方印出来的吗？

小贴示：按照国家法律规定，人民币由中国人民银行指定的专门企业印刷。

wài guó de qián

外 国 的 钱

4

wài guó de qián
外 国 的 钱

kǒng què lǎo shī yí jìn jiào shì　　fā xiàn hǎo duō xiǎo péng
孔 雀 老 师 一 进 教 室，发 现 好 多 小 朋

yǒu wéi zài xiǎo qīng wā guā guā de zhuō qián　　ér guā guā zhèng zài
友 围 在 小 青 蛙 瓜 瓜 的 桌 前，而 瓜 瓜 正 在

méi fēi sè wǔ de gěi dà jiā jiǎng shù zhe shén me　　kǒng què lǎo shī
眉 飞 色 舞 地 给 大 家 讲 述 着 什 么。孔 雀 老 师

còu guò qu　　kàn jiàn zhuō zi shang bǎi zhe huā huā lǜ lǜ de wài
凑 过 去，看 见 桌 子 上 摆 着 花 花 绿 绿 的 外

guó qián bì
国 钱 币。

　　　　wā　　　hǎo yǒu qù　　　zhè zhǐ bì shàng yìn zhe dà bí zi
　　"哇，好有趣，这纸币上印着大鼻子
de wài guó rén ne　　　　mián mián xiǎo pàng shǒu li　ná zhe yì zhāng
的外国人呢。"绵绵小胖手里拿着一张
lǜ sè de zhǐ bì　　　　lǎo shī　　zhè xiē dōu shì nǎ lǐ de qián
绿色的纸币。"老师，这些都是哪里的钱
ya　　　xiǎo yā zi róng róng xiàng kǒng què lǎo shī qǐng jiào
呀？"小鸭子绒绒向孔雀老师请教。

kǒng què lǎo
孔雀老
shī chén sī le yí
师沉思了一
huì bǎ zhǐ bì fēn
会，把纸币分
chéng le jǐ zǔ
成了几组，
jiē zhe huǎn huǎn shuō
接着缓缓说
dào zhè yì
道："这一
zǔ shì měi yuán
组是美元，
yě jiù shì měi guó
也就是美国
de guān fāng huò bì shì
的官方货币，是
měi guó lián bāng chǔ bèi
美国联邦储备
yín háng fā xíng de zhǐ
银行发行的，纸
bì miàn é fēn wèi
币面额分为1、

2、5、10、20、

měi yuán qī zhǒng xiǎo péng yǒu men kàn tā men bèi
50、100美元七种，小朋友们看，它们背
hòu dà bí zi de wài guó rén fēn bié shì huá shèng dùn
后大鼻子的外国人分别是华盛顿、
jié fú xùn lín kěn hàn mì ěr dùn jié kè xùn
杰弗逊、林肯、汉密尔顿、杰克逊、
gě lún hé fù lán kè lín
葛伦和富兰克林。"

jiē xià lái de zhè yì zǔ shì yīng bàng shì yīng guó de
"接下来的这一组是英镑，是英国的

guān fāng huò bì yóu yīng gé lán yín háng fā xíng zhǐ bì miàn é
官方货币，由英格兰银行发行，纸币面额

fēn wéi yīng bàng zhè jǐ zhǒng yǒu xiǎo péng
分为5、10、20、50英镑这几种。有小朋

yǒu zhī dào tā de dān wèi shì shén me ma shì yīng bàng hé
友知道它的单位是什么吗？" "是英镑和

xīn biàn shì xiǎo huàn xióng máo mao qiǎng dá dào duì le
新便士！"小浣熊毛毛抢答道，"对了！

yì yīng bàng děng yú yì bǎi xīn biàn shì
一英镑等于一百新便士。"

28

kǒng què lǎo shī jiē zhe shuō dào　　ōu zhōu ne　 hái yǒu
孔 雀 老 师 接 着 说 道，" 欧 洲 呢， 还 有

yì zhǒng tōng yòng de huò bì　 jiù shì zhè yì zǔ　jiào ōu yuán
一 种 通 用 的 货 币， 就 是 这 一 组， 叫 欧 元。

ōu yuán shì ōu zhōu zhōng yāng yín háng fā xíng de　 zhǐ bì miàn é fēn
欧 元 是 欧 洲 中 央 银 行 发 行 的， 纸 币 面 额 分

bié yǒu　　　　　　　　　　　　　　　　　　 ōu
别 有 5、10、20、50、100、200、500 欧

yuán zhè jǐ zhǒng
元 这 几 种 。 ”

　　 ōu yuán zài suǒ yǒu ōu zhōu guó jiā dōu kě yǐ yòng
　　“ 欧 元 在 所 有 欧 洲 国 家 都 可 以 用

ma　　　　xiǎo māo táng táng hào qí de wèn　　　　bù　　ōu yuán shì
吗 ？ ” 小 猫 糖 糖 好 奇 地 问 。 “ 不 ， 欧 元 是

zài ōu yuán qū guó jiā kě yǐ tōng yòng　　　shuō dào zhè lǐ　　zhuō
在 欧 元 区 国 家 可 以 通 用 。 ” 说 到 这 里 ， 桌

zi shàng de zhǐ bì dōu jiè shào wán le　　　mián mián xīn xiǎng　　jīn tiān
子 上 的 纸 币 都 介 绍 完 了 ， 绵 绵 心 想 ， 今 天

zhēn zhǎng zhī shi ya
真 长 知 识 呀 。

30

想一想：小朋友们，你们知道人民币是哪里发行的吗？

小贴士：中国人民银行是我国的中央银行，由它来发行人民币。

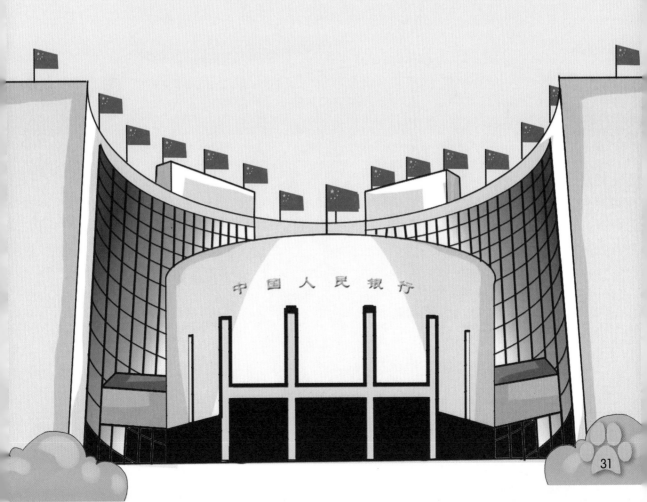

中国人民银行

kàn　　yī　　shēng

看 医 生

5

<ruby>看<rt>kàn</rt></ruby> <ruby>医<rt>yī</rt></ruby> <ruby>生<rt>shēng</rt></ruby>

"<ruby>绵<rt>mián</rt></ruby><ruby>绵<rt>mián</rt></ruby>，<ruby>起<rt>qǐ</rt></ruby><ruby>床<rt>chuáng</rt></ruby><ruby>了<rt>le</rt></ruby>。" <ruby>妈<rt>mā</rt></ruby><ruby>妈<rt>ma</rt></ruby><ruby>做<rt>zuò</rt></ruby><ruby>好<rt>hǎo</rt></ruby><ruby>早<rt>zǎo</rt></ruby><ruby>餐<rt>cān</rt></ruby><ruby>后<rt>hòu</rt></ruby>

<ruby>叫<rt>jiào</rt></ruby><ruby>绵<rt>mián</rt></ruby><ruby>绵<rt>mián</rt></ruby>，"<ruby>绵<rt>mián</rt></ruby><ruby>绵<rt>mián</rt></ruby>，<ruby>快<rt>kuài</rt></ruby><ruby>起<rt>qǐ</rt></ruby><ruby>床<rt>chuáng</rt></ruby><ruby>了<rt>le</rt></ruby>，<ruby>吃<rt>chī</rt></ruby><ruby>早<rt>zǎo</rt></ruby><ruby>餐<rt>cān</rt></ruby><ruby>了<rt>le</rt></ruby>。"

<ruby>可<rt>kě</rt></ruby><ruby>是<rt>shì</rt></ruby><ruby>绵<rt>mián</rt></ruby><ruby>绵<rt>mián</rt></ruby><ruby>的<rt>de</rt></ruby><ruby>小<rt>xiǎo</rt></ruby><ruby>屋<rt>wū</rt></ruby><ruby>里<rt>li</rt></ruby><ruby>一<rt>yì</rt></ruby><ruby>点<rt>diǎn</rt></ruby><ruby>动<rt>dòng</rt></ruby><ruby>静<rt>jing</rt></ruby><ruby>都<rt>dōu</rt></ruby><ruby>没<rt>méi</rt></ruby><ruby>有<rt>yǒu</rt></ruby>。

妈妈来到绵绵的小屋里，看到缩在
被子里的绵绵小脸通红，一摸绵绵的头，
很烫，妈妈拿出体温计帮绵绵量了体温，
"绵绵，你有点发烧啊，咱们去医院吧。"

mián mián zài mā ma de péi bàn xià lái dào le shān yáng yī
绵绵在妈妈的陪伴下来到了山羊医

yuàn   liú zhe yì bǎ hú zi de shān yáng yé ye bāng mián mián jiǎn chá
院，留着一把胡子的山羊爷爷帮绵绵检查

zhī hòu   fú le fú yǎn jìng duì mián mián shuō   mián mián   nǐ
之后，扶了扶眼镜对绵绵说："绵绵，你

fā shāo le   xū yào dǎ zhēn   yé ye zhī dào nǐ shì yǒng gǎn de
发烧了，需要打针，爷爷知道你是勇敢的

hái zi   dǎ zhēn bú yào kū   xiàng gè xiǎo nán zǐ hàn yí yàng
孩子，打针不要哭，像个小男子汉一样，

kě yǐ ma   mián mián diǎn dian tóu   rěn zhù zài yǎn kuàng lǐ dǎ
可以吗？"绵绵点点头，忍住在眼眶里打

zhuàn de yǎn lèi   xiǎo pì gu shàng ái le yì zhēn
转的眼泪，小屁股上挨了一针。

　　　　wǒ zài gěi mián mián kāi jǐ fù yào　　huí qù àn shí àn liàng
　"我再给绵绵开几副药，回去按时按量

chī　　míng tiān jiù huì hǎo le　　　shān yáng yé ye zhuǎn tóu duì mián
吃，明天就会好了。"山羊爷爷转头对绵

mián mā ma shuō　　suí hòu　　mā ma àn zhào shān yáng yé ye de yào
绵妈妈说。随后，妈妈按照山羊爷爷的药

fāng qù zhuā yào　　mián mián zài děng mā ma de shí hou　　shān yáng yé
方去抓药，绵绵在等妈妈的时候，山羊爷

ye wèn mián mián　　　mián mián　　dǎ yì zhēn shì wǔ yuán　　kǒu fú
爷问绵绵："绵绵，打一针是五元，口服

de yào shì sān yuán　　　yí gòng yào gěi yé ye duō shǎo qián ya
的药是三元，一共要给爷爷多少钱呀？"

mián mián yūn hū hū de bāi zhe shǒu zhǐ　　　　ng　　bā yuán ba
绵绵晕乎乎地掰着手指："嗯，八元吧？"

山羊爷爷笑了："真是聪明的孩子！那绵绵知道除了来医院看病，还有哪里需要用到钱吗？""嗯，上次我去理发花了五元钱，糖糖装修自己的房间花了一百元钱，用到钱的地方还有好多好多呢。"绵绵认真思考后回答。"是的，钱应用在我们生活的方方面面，只要注意观察，就可以成为理财达人呢！"说着，山羊爷爷和绵绵妈妈都笑了。

xiǎng yì xiǎng　　xiǎo péng yǒu men　　xiàn shí
想一想：小朋友们，现实

shēng huó zhōng hái yǒu shén me　dì fang xū yào yòng
生活中还有什么地方需要用

dàoqián
到钱？

零食铺

xiǎo tiē shì　　shēng huó zhōng xū yào
小贴士：生活中需要

yòngdàoqián de dì fangyǒu
用到钱的地方有：

fù diàn huà fèi　　mǎi líng shí
付电话费、买零食、

mǎi wán jù　　chéng gōng jiāo chē　　qù diàn
买玩具、乘公交车、去电

yǐng yuàn kàn diàn yǐng děng
影院看电影等。

玩具铺

公交车

电影院

38

聪聪把钱弄哭了

6

聪聪把钱弄哭了

放学后，绵绵和小狐狸聪聪一起去买练习本。聪聪先买好了，来到店外等绵绵，还用找回的五元钱折起了纸火箭。

bù yí huì er　　mián mián yě chū lai
不一会儿，绵绵也出来

le　　kàn dào cōng cōng shǒu zhōng de huǒ jiàn
了，看到聪聪手中的火箭，

mián mián xīn téng de shuō　　cōng cōng　　nǐ
绵绵心疼地说："聪聪，你

yòng qián zhé huǒ jiàn　　huì bǎ qián nòng shāng
用钱折火箭，会把钱弄伤，

tā hěn téng　　huì kū de
它很疼，会哭的。"

<ruby>聪<rt>cōng</rt></ruby><ruby>聪<rt>cōng</rt></ruby><ruby>愣<rt>lèng</rt></ruby><ruby>住<rt>zhù</rt></ruby><ruby>了<rt>le</rt></ruby>，<ruby>看<rt>kàn</rt></ruby><ruby>看<rt>kan</rt></ruby><ruby>手<rt>shǒu</rt></ruby><ruby>中<rt>zhòng</rt></ruby><ruby>的<rt>de</rt></ruby><ruby>火<rt>huǒ</rt></ruby><ruby>箭<rt>jiàn</rt></ruby>，<ruby>小<rt>xiǎo</rt></ruby>
<ruby>脸<rt>liǎn</rt></ruby><ruby>涨<rt>zhàng</rt></ruby><ruby>红<rt>hóng</rt></ruby><ruby>了<rt>le</rt></ruby>。<ruby>他<rt>tā</rt></ruby><ruby>轻<rt>qīng</rt></ruby><ruby>轻<rt>qīng</rt></ruby><ruby>地<rt>de</rt></ruby><ruby>展<rt>zhǎn</rt></ruby><ruby>开<rt>kāi</rt></ruby><ruby>纸<rt>zhǐ</rt></ruby><ruby>火<rt>huǒ</rt></ruby><ruby>箭<rt>jiàn</rt></ruby>，<ruby>看<rt>kàn</rt></ruby><ruby>着<rt>zhe</rt></ruby>
<ruby>残<rt>cán</rt></ruby><ruby>缺<rt>quē</rt></ruby><ruby>的<rt>de</rt></ruby><ruby>钱<rt>qián</rt></ruby>，<ruby>心<rt>xīn</rt></ruby><ruby>里<rt>li</rt></ruby><ruby>又<rt>yòu</rt></ruby><ruby>难<rt>nán</rt></ruby><ruby>过<rt>guò</rt></ruby><ruby>又<rt>yòu</rt></ruby><ruby>后<rt>hòu</rt></ruby><ruby>悔<rt>huǐ</rt></ruby>。

lù guò de dà xiàng bó bo kàn dào liǎng gè xiǎo péng yǒu nán
路过的大象伯伯看到两个小朋友难

guò de yàng zi　　zǒu guò lái wèn qīng le shì qíng de jīng guò　　tā
过的样子，走过来问清了事情的经过，他

fǔ xià shēn kàn zhe cōng cōng shǒu li de qián　　màn màn de shuō
俯下身看着聪聪手里的钱，慢慢地说：

cōng cōng a　　yòng qián lái zhé wán jù　　zài qián shàng miàn xiě
"聪聪啊，用钱来折玩具，在钱上面写

zì　　huà huà dōu shì bú duì de　　yán zhòng de hái huì wéi fǎ
字、画画都是不对的，严重的还会违法，

yǐ hòu kě bù néng zhè yàng zuò le
以后可不能这样做了。"

聪聪听话地点了点头，大象伯伯接着说道："嗯，伯伯看这钱已经不能用了，把它送到银行去吧，银行的叔叔会换给你们一张新的五元钱，你们可要好好爱护啊。"

“可是，银行的叔叔收了这张钱，他们怎么用呢？”绵绵担心地问。大象伯伯摸摸绵绵的小脑袋：“他们也不能用的，银行会把这些受伤的钱收好，然后送到规定的地方销毁它们。”听到钱受了伤还要被销毁，绵绵和聪聪更加难过了。

在去往银行的路上，他们约好以后再也不伤害钱了，还要告诉所有的小朋友，好好爱护它。

<ruby>想<rt>xiǎng</rt></ruby> <ruby>一<rt>yì</rt></ruby> <ruby>想<rt>xiǎng</rt></ruby>：<ruby>小<rt>xiǎo</rt></ruby> <ruby>朋<rt>péng</rt></ruby> <ruby>友<rt>yǒu</rt></ruby> <ruby>们<rt>men</rt></ruby>，<ruby>你<rt>nǐ</rt></ruby> <ruby>们<rt>men</rt></ruby> <ruby>周<rt>zhōu</rt></ruby> <ruby>围<rt>wéi</rt></ruby> <ruby>有<rt>yǒu</rt></ruby> <ruby>哪<rt>nǎ</rt></ruby> <ruby>些<rt>xiē</rt></ruby> <ruby>不<rt>bù</rt></ruby> <ruby>爱<rt>ài</rt></ruby> <ruby>护<rt>hù</rt></ruby> <ruby>钱<rt>qián</rt></ruby> <ruby>的<rt>de</rt></ruby> <ruby>行<rt>xíng</rt></ruby> <ruby>为<rt>wéi</rt></ruby> <ruby>呢<rt>ne</rt></ruby>？<ruby>要<rt>yào</rt></ruby> <ruby>阻<rt>zǔ</rt></ruby> <ruby>止<rt>zhǐ</rt></ruby> <ruby>这<rt>zhè</rt></ruby> <ruby>种<rt>zhǒng</rt></ruby> <ruby>行<rt>xíng</rt></ruby> <ruby>为<rt>wéi</rt></ruby> <ruby>发<rt>fā</rt></ruby> <ruby>生<rt>shēng</rt></ruby> <ruby>哦<rt>é</rt></ruby>！

<ruby>小<rt>xiǎo</rt></ruby> <ruby>帖<rt>tiē</rt></ruby> <ruby>士<rt>shì</rt></ruby>：<ruby>不<rt>bú</rt></ruby> <ruby>要<rt>yào</rt></ruby> <ruby>在<rt>zài</rt></ruby> <ruby>人<rt>rén</rt></ruby> <ruby>民<rt>mín</rt></ruby> <ruby>币<rt>bì</rt></ruby> <ruby>上<rt>shàng</rt></ruby> <ruby>写<rt>xiě</rt></ruby> <ruby>字<rt>zì</rt></ruby>、<ruby>涂<rt>tú</rt></ruby> <ruby>改<rt>gǎi</rt></ruby>，<ruby>不<rt>bú</rt></ruby> <ruby>要<rt>yào</rt></ruby> <ruby>用<rt>yòng</rt></ruby> <ruby>人<rt>rén</rt></ruby> <ruby>民<rt>mín</rt></ruby> <ruby>币<rt>bì</rt></ruby> <ruby>折<rt>zhé</rt></ruby> <ruby>玩<rt>wán</rt></ruby> <ruby>具<rt>jù</rt></ruby>，<ruby>不<rt>bú</rt></ruby> <ruby>要<rt>yào</rt></ruby> <ruby>撕<rt>sī</rt></ruby> <ruby>毁<rt>huǐ</rt></ruby> <ruby>人<rt>rén</rt></ruby> <ruby>民<rt>mín</rt></ruby> <ruby>币<rt>bì</rt></ruby>。

珍贵的信用

zhēn guì de xìn yòng

1

珍贵的信用
zhēn guì de xìn yòng

yì tiān mián mián
一天，绵绵

xiàng xiǎo dài shǔ fāng fāng
向小袋鼠方方

jiè le yì yuán qián mǎi qiān
借了一元钱买铅

bǐ bìng dā ying dì èr
笔，并答应第二

tiān huán qián
天还钱。

dì èr tiān zhèng hǎo shì gè xīng qī liù mián mián chī guò zǎo
第二天正好是个星期六，绵绵吃过早

fàn jiù qù huán fāng fāng qián kě shì fāng fāng jiā li méi yǒu rén
饭就去还方方钱。可是方方家里没有人，

mián mián yì zhí děng dào zhōng wǔ hái shi bú jiàn fāng fāng huí lai
绵绵一直等到中午，还是不见方方回来，

zhǐ hǎo xiān huí jiā le
只好先回家了。

48

chī wǔ fàn shí，bà ba zhī dao le zhè jiàn shì，chēng zàn

吃午饭时，爸爸知道了这件事，称赞

dào，mián mián zuò de duì，jiè le qián jiù yào àn shí huán，yí

道："绵绵做得对，借了钱就要按时还，一

dìng yào shǒu xìn yòng。bà ba，xìn yòng shì shén me ya

定要守信用。""爸爸，信用是什么呀？"

mián mián rèn zhēn de wèn。bà ba fàng xià kuài zi，xiǎng le xiǎng

绵绵认真地问。爸爸放下筷子，想了想

shuō，xìn yòng a，jiù shì yào lǚ xíng nuò yán，cóng ér dé

说："信用啊，就是要履行诺言，从而得

dào bié ren de xìn rèn

到别人的信任。"

　　　　　é　　　　nà mián mián àn shí huán le fāng fāng de qián　　shì
　　"哦，那绵绵按时还了方方的钱，是
bu shì jiù yǒu xìn yòng le　a　　　　mián mián gāo xìng de wèn
不是就有信用了啊？"绵绵高兴地问。

hē hē mián mián xìn yòng bú shì yí cì liǎng cì jiù néng
"呵呵，绵绵，信用不是一次两次就能

huò dé de yào jiān chí shuō dào zuò dào cái néng màn màn dé
获得的，要坚持说到做到，才能慢慢得

dào tā xìn yòng shì hěn zhēn guì de bà bà mián mián
到它，信用是很珍贵的。" "爸爸，绵绵

huì yì zhí shuō huà suàn shù de ng
会一直说话算数的。" "嗯。"

爸爸满意地点点头："绵绵，信用虽然很不容易得到，但却很容易失去，想想看，只要几次说话不算数，别人是不是就不太容易相信你了？"绵绵想了一会儿，点了点头："爸爸说得对。"

　　xià wǔ　　mián mián yòu lái dào fāng fāng jiā mén qián děng
下午，绵绵又来到方方家门前等

fāng fāng　　bàng wǎn shí fēn　　fāng fāng yì jiā zhōng yú huí lai le
方方，傍晚时分，方方一家终于回来了，

yuán lái tā men yì qǐ qù kàn wang fāng fāng de yé ye nǎi nai le
原来他们一起去看望方方的爷爷奶奶了。

　　mián mián　　nǐ zài zhè li děng le wǒ yì tiān　　fāng fāng
"绵绵，你在这里等了我一天？"方方

chī jīng de wàng zhe mián mián　　mián mián zì háo de diǎn dian tóu
吃惊地望着绵绵，绵绵自豪地点点头：

　　duì　　wǒ yàoshǒu xìn yòng
"对，我要守信用！"

xiǎng yì xiǎng　　xiǎo péng yǒu men　　jiǎng xìn yòng yìng gāi zěn
想一想：小朋友们，讲信用应该怎

me zuò ne
么做呢？

xiǎo tiē shì　　chéng shí shǒu xìn shì zhōng huá mín zú de chuán tǒng
小帖士：诚实守信是中华民族的传统

měi dé
美德。

绵绵的存钱罐

mián mián de cún qián guàn

8

mián mián de cún qián guàn
绵 绵 的 存 钱 罐

　　shǔ jià lǐ de yì tiān　　bà ba mā ma hé mián mián yì qǐ qù
　　暑假里的一天，爸爸妈妈和绵绵一起去

kàn wang yé ye nǎi nai　　mián mián pàng hū hū de xiǎo liǎn yí huì er
看望爷爷奶奶。绵绵胖乎乎的小脸一会儿

cèng cèng yé ye　　yí huì er qīn qīn nǎi nai　　dòu de yé ye nǎi nai
蹭蹭爷爷，一会儿亲亲奶奶，逗得爷爷奶奶

gāo xìng jí le
高兴极了。

奶奶乐呵呵地从抽屉里拿出一个漂亮的小盒子，对绵绵说："好孩子，奶奶送给你件小礼物，快打开看看喜欢吗？""谢谢奶奶！"绵绵边说边接过小盒子，轻轻地打开一看，哇，里面是只粉嘟嘟的小瓷猪，可爱极了。绵绵高兴地把小猪抱在怀里，亲了又亲。

bà ba jiàn mián mián zhè me xǐ huan xiǎo zhū   xiào zhe shuō
爸爸见绵绵这么喜欢小猪，笑着说：

mián mián   zhè zhī xiǎo zhū kě bú shì gè wán jù é   tā shì yí
"绵绵，这只小猪可不是个玩具哦，它是一

gè cún qián guàn   mián mián hào qí de wèn   bà ba   cún
个存钱罐。"绵绵好奇地问："爸爸，存

qián guàn shì gàn shén me de a   bà ba xiào zhe shuō   mián
钱罐是干什么的啊？"爸爸笑着说："绵

mián   nǐ kàn xiǎo zhū bèi shang yǒu gè xiǎo fèng   mián mián kě yǐ bǎ
绵，你看小猪背上有个小缝，绵绵可以把

yìng bì cóng xiǎo fèng lǐ fàng jìn qu   xiǎo zhū jiù huì bāng nǐ guǎn
硬币从小缝里放进去，小猪就会帮你管

hǎo tā men   jiàn jiàn de qián jiù huì yuè lái yuè duō la
好它们，渐渐地钱就会越来越多啦。"

从爷爷奶奶家回来，绵绵抱着小粉猪跑回自己的小屋，把自己平时攒下的硬币都放进了存钱罐。

摇一摇，小猪的肚子里"哗啦啦"地响了起来，绵绵高兴极了，小心翼翼地把小猪放在桌子上，轻声说："小猪乖，让我们做好朋友吧，以后你帮我看管钱，这样就不会弄丢了。"

想一想：小朋友们，你们平时用什么方法管理自己的钱呢？

小贴示：管理钱的方法有：交给父母管理、用存钱罐、把钱存到银行等。

绵绵的小金卡

mián mián de xiǎo jīn kǎ

mián mián de xiǎo jīn kǎ
绵 绵 的 小 金 卡

chūn jié hòu de yì tiān　　mián mián xiǎng bǎ yā suì qián zhuāng jìn
春节后的一天，绵绵想把压岁钱装进

xiǎo zhū cún qián guàn lǐ　　kě zhuāng le yí bàn jiù zhuāng bú jìn qu
小猪存钱罐里，可装了一半就装不进去

le　mián mián zháo jí de wèn mā ma　　　　mā ma　xiǎo zhū zhuāng
了，绵绵着急地问妈妈："妈妈，小猪装

bú xià le　　zhè kě zěn me bàn ne　　　　mā ma xiào zhe shuō
不下了，这可怎么办呢？"妈妈笑着说：

xiǎo zhū bǎo le　　zhè yàng ba　　wǒ men bǎ qián cún dào yín
"小猪饱了，这样吧，我们把钱存到银

háng hǎo ma
行好吗？"

bà ba kàn dào mián mián zháo jí de yàng zi　　yě xiào zhe
爸爸看到绵绵着急的样子，也笑着

shuō　　　zhè ge bàn fǎ hǎo　　míng tiān wǒ men yì qǐ qù bǎ qián
说：“这个办法好。明天我们一起去把钱

cún jìn yín háng　　yín háng hái huì gěi lì xī ne　　　mián mián bù
存进银行，银行还会给利息呢。”绵绵不

jiě de wèn　　　lì xī shì shén me ya　　　bà ba mō mō mián mián
解地问：“利息是什么呀？”爸爸摸摸绵绵

de xiǎo nǎo dai　　xiǎng le xiǎng shuō　　　wǒ men bǎ qián cún jìn yín
的小脑袋，想了想说：“我们把钱存进银

háng　　děng yǐ hòu qǔ chū lái de shí hou　　qián huì bǐ cún jìn qù de
行，等以后取出来的时候，钱会比存进去的

duō　　duō chū lái de qián jiù shì yín háng gěi wǒ men de lì xī
多。多出来的钱就是银行给我们的利息。”

62

dì èr tiān　　mián mián hé bà ba dài zhe xiǎo zhū cún qián guàn
第二天，绵绵和爸爸带着小猪存钱罐

yì qǐ lái dào yín háng　　zài yín háng gōng zuò de xióng shū shu rè qíng
一起来到银行。在银行工作的熊叔叔热情

de jiē dài le tā men　　xióng shū shu pāi pai mián mián de tóu shuō
地接待了他们。熊叔叔拍拍绵绵的头说：

gěi mián mián bàn zhāng xiǎo jīn kǎ hǎo ma　　zhè yàng róng yì bǎo
"给绵绵办张小金卡好吗？这样容易保

cún　　yòng qǐ lái yě fāng biàn　　　　hǎo ya hǎo ya　　yǐ hòu
存，用起来也方便。""好呀好呀，以后

wǒ mǎi wán jù yě kě yǐ xiàng mā ma nà yàng shuā kǎ le ne
我买玩具也可以像妈妈那样刷卡了呢！"

mián mián gāo xìng jí le
绵绵高兴极了。

xióng shū shu hěn kuài jiù bāng mián mián bǎ qián cún hǎo le

熊 叔 叔 很 快 就 帮 绵 绵 把 钱 存 好 了，

bǎ jīn kǎ jiāo gěi mián mián hòu gào su tā mián mián nǐ de

把 金 卡 交 给 绵 绵 后 告 诉 他："绵 绵，你 的

qián dōu cún zài jīn kǎ lǐ le yòng zhè zhāng kǎ kě yǐ suí shí qǔ

钱 都 存 在 金 卡 里 了，用 这 张 卡 可 以 随 时 取

qián yě kě yǐ jì xù wǎng lǐ cún qián mián mián kě yào bǎ kǎ

钱，也 可 以 继 续 往 里 存 钱，绵 绵 可 要 把 卡

shōu hǎo le xiè guò xióng shū shu hòu mián mián hé bà ba gāo

收 好 了。" 谢 过 熊 叔 叔 后，绵 绵 和 爸 爸 高

gāoxìngxìng de huí jiā le

高 兴 兴 地 回 家 了。

xiǎng yì xiǎng　　dà jiā xiǎng xiǎng jīng cháng jiàn dào de yǒu nǎ xiē
想一想：大家想想经常见到的有哪些

yín háng
银行？

xiǎo tiē shì　　wǒ guó jīng cháng jiàn dào de yín háng yǒu zhōng
小贴士：我国经常见到的银行有中

guó gōng shāng yín háng　　zhōng guó nóng yè yín háng　　zhōng guó yín háng
国工商银行、中国农业银行、中国银行、

zhōng guó jiàn shè yín háng děng
中国建设银行等。

zhōng guó gōng shāng yín háng
中国工商银行

zhōng guó nóng yè yín háng
中国农业银行

zhōng guó yín háng
中国银行

zhōng guó jiàn shè yín háng
中国建设银行

mián mián zhèng qián le

绵绵挣钱了

10

mián mián zhèng qián le
绵 绵 挣 钱 了

sān yuè de tiān kōng lán lán de　　fēng er nuǎn nuǎn de
三月的天空蓝蓝的，风儿暖暖的，

mián mián tí zhe jīn yú fēng zheng xiǎng zhǎo xiǎo xióng gē ge yì qǐ qù
绵绵提着金鱼风筝想找小熊哥哥一起去

fàng fēng zheng　　zǒu jìn xióng mā ma jiā　　kàn jian xiǎo xióng zhèng zài
放风筝。走进熊妈妈家，看见小熊正在

yuàn zi li zhěng lǐ wǔ yán liù sè de zhǐ xiāng zi hé kōng píng zi
院子里整理五颜六色的纸箱子和空瓶子。

mián mián āi dào xiǎo xióng páng biān hào qí de wèn　　　　xiǎo xióng gē
绵绵挨到小熊旁边好奇地问：“小熊哥

ge　nǐ zài gàn shén me ya　　　xiǎo xióng cā le cā hàn shuō
哥，你在干什么呀？”小熊擦了擦汗说：

“我在整理废品，这些都是我平时收集起来的，可以卖钱的。”

　　绵绵放下风筝边帮小熊整理边问：“怎么卖钱呢？”小熊笑笑说：“山羊伯伯经常会来收购这些废品，到时把这些废品卖给他，就可以换钱了。”正说着，山羊伯伯骑着三轮车来了，小熊把一大堆整理好的废品全卖给了山羊伯伯，接过山羊伯伯给的五元钱，高兴极了。

在放完风筝回家的路上，绵绵对小熊说："小熊哥哥，我也把纸箱子和瓶子收集起来卖钱，好吗？"小熊笑了："当然好啦，靠自己的劳动挣钱是一件光荣的事情，还能保护大草原的环境呢。"回家后，绵绵把饮料瓶、牛奶盒、旧报纸都收起

来，卖给了山羊伯伯，得到了三元钱，第一次挣到钱，小家伙高兴极了，"爸爸，妈妈，我挣到钱了！"爸爸妈妈看着绵绵通红的小脸蛋，笑眯眯地说："绵绵真是聪明的好孩子，只要动脑筋，还有很多方法可以赚到钱的。"

想一想：小朋友们还能通过什么方式来赚钱呢？

小贴士：小朋友们的赚钱方式有：存零花钱、在家里做家务挣钱、制作和销售一些物品来挣钱、替年长者跑跑腿、替人遛狗或者喂猫等。

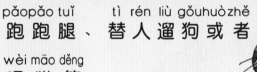

měi wèi táng guǒ
美味糖果

11

měi wèi táng guǒ
美味糖果

天气渐渐暖和起来了，大草原隐约泛出了柔和的绿色，小河里的冰块也开始消融，春天来啦。明天晚上是盛大草原欢乐夜，会有漂亮的焰火、精彩的表演和各种好吃的食物，大家早就盼着这一天啦。

chī guò wǎn fàn　　xiǎo hóu zi táo táo hé xiǎo bái tù lè
吃过晚饭，小猴子淘淘和小白兔乐

lè lái zhǎo mián mián wán　　mián mián yì liǎn shén mì de bǎ liǎng gè
乐来找绵绵玩，绵绵一脸神秘地把两个

xiǎo huǒ bàn qǐng jìn zì jǐ de fáng jiān　　táo táo hé lè lè jīng qí
小伙伴请进自己的房间，淘淘和乐乐惊奇

de fā xiàn mián mián de shū zhuō shang bǎi mǎn le wǔ yán liù sè de
地发现绵绵的书桌上摆满了五颜六色的

cǎi zhǐ hé yì bāo bāo bāo zhuāng jīng měi de táng guǒ　　táo táo zhuā
彩纸和一包包包装精美的糖果。淘淘抓

qǐ yì bāo fěn sè de táng guǒ　　hào qí de wèn mián mián　　mián
起一包粉色的糖果，好奇地问绵绵：“绵

mián　　zhè shì zuò shén me ya
绵，这是做什么呀？”

mián mián hēi hēi yí xiào zhè shì lǎo lao mǎi gěi wǒ de
绵绵嘿嘿一笑："这是姥姥买给我的

nǎi táng gāng gāng shǔ le yí xià yǒu kuài ne měi gè xiǎo
奶糖，刚刚数了一下，有５０块呢！每个小

dài zi li fàng wǔ kuài bāo zhuāng qǐ lai míng tiān kě yǐ ná dào yóu
袋子里放五块，包装起来明天可以拿到游

lè chǎng qù mài zěn me yàng a lè lè yǎn jing dī liū liū yí
乐场去卖，怎么样啊？"乐乐眼睛滴溜溜一

zhuàn hǎo zhǔ yi měi kuài táng yì yuán qián kuài táng jiù
转，"好主意！每块糖一元钱，５０块糖就

shì yuán qián yì xiǎo bāo lǐ yǒu wǔ kuài táng zán men yào
是５０元钱，一小包里有五块糖，咱们要

shi yì xiǎo bāo táng guǒ mài liù yuán de huà měi bāo jiù kě yǐ zhuàn
是一小包糖果卖六元的话，每包就可以赚

yì yuán le duì ma
一元了，对吗？"

1个 🍬 = 1元

50个 🍬 = 50 元

$$\frac{50 \text{🍬}}{5 \text{🍬}} = 10 \text{👝}$$

1👝 ➡ 5个🍬 ➡ 6元

6元 × 10👝 = 60元

60元 － 50元 = 10元

　　"嗯！"绵绵用力地点点头，"那咱
们一起来包糖果吧！"说着，三个小伙伴
就动起手来，明晚一定是一个收获颇丰的
欢乐夜晚呢！

xiǎng yì xiǎng　xiǎo péng yǒu men　　lè lè zěn me suàn de
想一想：小朋友们，乐乐怎么算的

nǐ nòng míng bai le ma　tā men yǒu kě néng zhuàn duō shao qián
你弄明白了吗？他们有可能赚多少钱

ne
呢？

xiǎo tiē shì　　zhǐ yào zhēn xīn shí yì de wèi shè huì fù chū
小贴士：只要真心实意地为社会付出

le láo dòng　shè huì zǒng huì gěi nǐ yí dìng de huí bào　zhè zhǒng
了劳动，社会总会给你一定的回报，这种

huí bào duō shù shì yǐ　qián　de xíng shì chū xiàn　ràng nǐ zhèng
回报多数是以"钱"的形式出现。让你挣

dào qián shì shè huì duì nǐ fù chū láo dòng de chéng rèn
到钱是社会对你付出劳动的承认。

mián mián de xiǎo jì huà

绵绵的小计划

12

绵绵的小计划

寒冷的冬天就要来了，寒风呼呼地吹着，天气好冷。绵绵和爸爸穿着厚厚的衣服，走在回家的路上，原来他们刚才到银行存钱去了。

huí dào jiā　　bà ba mō mo mián mián de xiǎo hóng bí zi
回 到 家 ， 爸 爸 摸 摸 绵 绵 的 小 红 鼻 子 ，

wèn dào　　　　mián mián　 xiǎo jīn kǎ lǐ de qián yuè lái yuè duō
问 道 ： " 绵 绵 ， 小 金 卡 里 的 钱 越 来 越 多

le　 nǐ xiǎng yòng zhè xiē qián zuò shén me ne
了 ， 你 想 用 这 些 钱 做 什 么 呢 ？ "

mián mián lōu zhe bà ba de bó zi
绵绵搂着爸爸的脖子，
qiāo qiāo de bǎ xiǎng fǎ gào sù le bà ba
悄悄地把想法告诉了爸爸。
yuán lái　　tā xiǎng zài yán hán dào lái shí
原来，他想在严寒到来时，
gěi yé ye mǎi dǐng xīn mào zi　　gěi bà ba
给爷爷买顶新帽子，给爸爸
mǎi shuāng mián shǒu tào　　zài gěi mā ma mǎi
买双棉手套，再给妈妈买
tiáo hóng wéi jīn　　bà ba gāo xìng de kuā
条红围巾。爸爸高兴地夸
dào　　　　mián mián zhēn shì gè hǎo hái zi
道："绵绵真是个好孩子，
cóngxiǎo jiù dǒng de guān xīn bié rén
从小就懂得关心别人。"

想了想，爸爸又接着说："绵绵，我们一起来做个小计划吧，这样能帮助你更好地实现目标。"绵绵搓搓小手："爸爸，怎么做计划呀？""呵呵，很简单的。"

爸爸放下绵绵，拿出一个本子，"首先呢，我们把绵绵最急需实现的目标写在前面，比如说，我和妈妈的手套和围巾都还能用，可是爷爷的旧帽子已经破了，所以我们先计划攒钱给爷爷买帽子。"说着，爸爸把帽子画在了本子上，"然后呢，我们来想想实现它需要多长时间。"

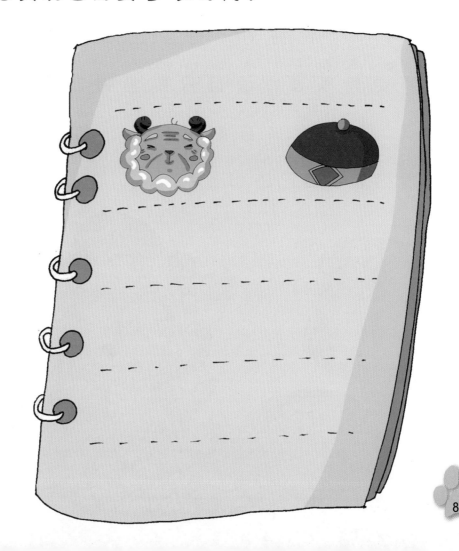

“买帽子要30元钱，绵绵一天不吃零食的话，就能攒一元钱，这样30天就能买到帽子了。”说着爸爸在后面写下了30天。“可是如果绵绵忍不住吃了一次零食呢？”爸爸眨着眼睛考绵绵。绵绵挠头想了一会，慢慢地说：“那绵绵的钱就不够了，就得多等一天才能买到帽子。”“说得对，有了计划，能让我们做事更有条理，而且只要坚持，目标就会实现。”绵绵兴奋地点点头，接过铅笔，学着列起了自己的小计划。

xiǎo péng yǒu men　　wǒ men yì qǐ lái kàn kan mián mián de
小朋友们，我们一起来看看绵绵的

xiǎo jì huà ba
小计划吧：

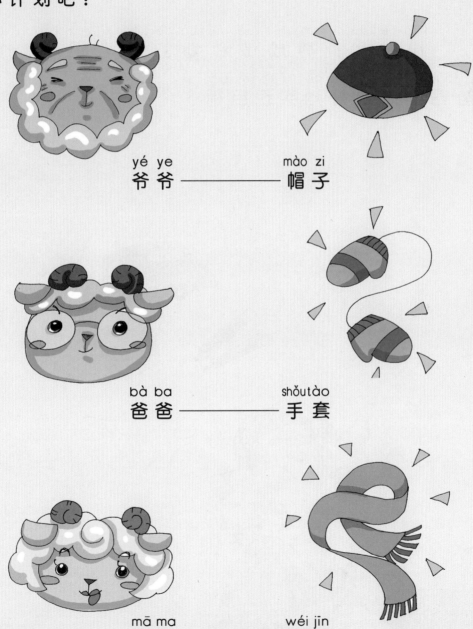

yé ye　　　　　　　mào zi
爷爷————帽子

bà ba　　　　　　shǒu tào
爸爸————手套

mā ma　　　　　wéi jīn
妈妈————围巾

xiǎng yì xiǎng　xiǎo péng yǒu men　nǐ men píng shí zuò jì huà
想 一 想：小 朋 友 们，你 们 平 时 做 计 划

ma
吗？

xiǎo tiē shì　yǎng chéng zuò jì huà de hǎo xí guàn ba　　tā
小 贴 示：养 成 做 计 划 的 好 习 惯 吧，它

néng bāng zhù nǐ gèng hǎo de shí xiàn mù biāo
能 帮 助 你 更 好 地 实 现 目 标。

mián mián de xiǎo zhàng běn

绵绵的小账本

13

<ruby>绵<rt>mián</rt></ruby> <ruby>绵<rt>mián</rt></ruby> <ruby>的<rt>de</rt></ruby> <ruby>小<rt>xiǎo</rt></ruby> <ruby>账<rt>zhàng</rt></ruby> <ruby>本<rt>běn</rt></ruby>

<ruby>一<rt>yí</rt></ruby> <ruby>个<rt>gè</rt></ruby> <ruby>晴<rt>qíng</rt></ruby> <ruby>朗<rt>lǎng</rt></ruby> <ruby>的<rt>de</rt></ruby> <ruby>星<rt>xīng</rt></ruby> <ruby>期<rt>qī</rt></ruby> <ruby>天<rt>tiān</rt></ruby>，<ruby>爸<rt>bà</rt></ruby> <ruby>爸<rt>ba</rt></ruby> <ruby>去<rt>qù</rt></ruby> <ruby>接<rt>jiē</rt></ruby> <ruby>外<rt>wài</rt></ruby> <ruby>公<rt>gōng</rt></ruby> <ruby>外<rt>wài</rt></ruby> <ruby>婆<rt>pó</rt></ruby> <ruby>来<rt>lái</rt></ruby> <ruby>家<rt>jiā</rt></ruby> <ruby>里<rt>li</rt></ruby> <ruby>吃<rt>chī</rt></ruby> <ruby>晚<rt>wǎn</rt></ruby> <ruby>饭<rt>fàn</rt></ruby>。

<ruby>绵<rt>mián</rt></ruby><ruby>绵<rt>mián</rt></ruby><ruby>和<rt>hé</rt></ruby><ruby>妈<rt>mā</rt></ruby><ruby>妈<rt>ma</rt></ruby><ruby>一<rt>yì</rt></ruby><ruby>起<rt>qǐ</rt></ruby><ruby>来<rt>lái</rt></ruby><ruby>到<rt>dào</rt></ruby><ruby>超<rt>chāo</rt></ruby><ruby>市<rt>shì</rt></ruby><ruby>买<rt>mǎi</rt></ruby><ruby>了<rt>le</rt></ruby><ruby>好<rt>hǎo</rt></ruby><ruby>多<rt>duō</rt></ruby>

<ruby>外<rt>wài</rt></ruby><ruby>公<rt>gōng</rt></ruby><ruby>外<rt>wài</rt></ruby><ruby>婆<rt>pó</rt></ruby><ruby>喜<rt>xǐ</rt></ruby><ruby>欢<rt>huan</rt></ruby><ruby>吃<rt>chī</rt></ruby><ruby>的<rt>de</rt></ruby><ruby>东<rt>dōng</rt></ruby><ruby>西<rt>xi</rt></ruby>，<ruby>还<rt>hái</rt></ruby><ruby>给<rt>gěi</rt></ruby><ruby>他<rt>tā</rt></ruby><ruby>们<rt>men</rt></ruby><ruby>买<rt>mǎi</rt></ruby><ruby>了<rt>le</rt></ruby><ruby>新<rt>xīn</rt></ruby>

<ruby>衣<rt>yī</rt></ruby><ruby>服<rt>fu</rt></ruby>。

huí dào jiā　　mián mián yào bāng mā ma zuò fàn　　mā ma
回到家，绵绵要帮妈妈做饭，妈妈

qīn qīn mián mián shuō　　bǎo bèi　　xiān xiū xi yī huì ba
亲亲绵绵说："宝贝，先休息一会吧。"

shuō zhe mā ma zuò dào shū zhuō biān　　ná qǐ bǐ zài běn zi shang xiě
说着妈妈坐到书桌边，拿起笔在本子上写

le qǐ lai　　mián mián hào qí de wèn　　mā ma　　xiě shén me
了起来。绵绵好奇地问："妈妈，写什么

ne　　　　mā ma zài jì zhàng a　　　　jì zhàng shì shén me ya
呢？""妈妈在记账啊。""记账是什么呀？"

mián mián bù jiě de wèn　　mā ma bào qǐ mián mián xiào zhe shuō
绵绵不解地问。妈妈抱起绵绵笑着说：

jì zhàng a　　jiù shì bǎ mā ma jīn tiān huā le duō shao qián
"记账啊，就是把妈妈今天花了多少钱、

mǎi le shén me dōng xi dōu jì zài běn zi shang　　zhè yàng mā ma hěn
买了什么东西都记在本子上。这样妈妈很

róng yì jiù zhī dao zì jǐ dōu huā qián zuò le shén me a
容易就知道自己都花钱做了什么啊。"

zhè ge bàn fǎ hǎo
"这个办法好！

mián mián yě yào jì zhàng
绵绵也要记账。"

90

shuō zhe mián mián pǎo huí zì jǐ de xiǎo wū ná chū xiǎo běn
说着绵绵跑回自己的小屋拿出小本

zi xiǎng le xiǎng qián tiān gěi biǎo dì mǎi le yí gè qiān bǐ dāo
子，想了想，前天给表弟买了一个铅笔刀

huā le yuán qián zuó tiān zì jǐ mǎi le yí gè xiǎo xiàng pí huā
花了3元钱，昨天自己买了一个小橡皮花

le yuán qián mǎi qiān bǐ huā le yuán qián mián mián rèn
了2.5元钱、买铅笔花了2元钱，绵绵认

zhēn de jì zài le xiǎo běn zi shang
真地记在了小本子上。

mā ma kàn zhe
妈妈看着
mián mián zǐ xì jì zhàng
绵绵仔细记账
de yàng zi kuā jiǎng
的样子，夸奖
dào mián mián
道："绵绵
zhēn cōng míng mā ma
真聪明，妈妈
hái yǒu yí gè jì zhàng
还有一个记账
yòng de xiǎo fǎ bǎo
用的小法宝

é mián mián nǐ kàn zhè shì chāo shì shōu yín yuán ā yí gěi de
哦，绵绵你看，这是超市收银员阿姨给的
xiǎo piào shàng mian xiě zhe mā ma mǎi dōng xi de shí jiān dōng
小票，上面写着妈妈买东西的时间、东
xi de míng zi hé jià qián yǒu le tā men jì zhàng jiù róng yì
西的名字和价钱，有了它们，记账就容易
duō le ng mián mián yǐ hòu yě yào xué huì yòng fǎ
多了。""嗯，绵绵以后也要学会用法
bǎo hǎo de bǎo bèi děng nǐ xué huì le jì zhàng
宝！""好的，宝贝，等你学会了记账，
jiù dāng zán men jiā de jì zhàng yuán ba shuō zhe mǔ zǐ liǎ
就当咱们家的记账员吧！"说着，母子俩
kāi xīn de xiào le cóng cǐ mián mián yǒu le zì jǐ de xiǎo zhàng
开心地笑了。从此，绵绵有了自己的小账
běn zài mā ma de jiào dǎo xià yòu xué dào le bù shǎo jì zhàng
本，在妈妈的教导下，又学到了不少记账
de zhī shi ne
的知识呢！

xiǎo péng yǒu men　　yì　qǐ　lái kàn kan mián mián de xiǎo zhàng
小 朋 友 们， 一 起 来 看 看 绵 绵 的 小 账

běn ba
本 吧：

yuè　　rì biǎo dì　　　　　qiān bǐ dāo　 yuán
3 月 1 日 表 弟 —————— 铅 笔 刀 3 元

yuè　　rì mián mián　　　xiàng pí　　 yuán
3 月 2 日 绵 绵 —————— 橡 皮 2.5 元

yuè　　rì mián mián　　　qiān bǐ　　 yuán
3 月 3 日 绵 绵 —————— 铅 笔 2 元

xiǎng yì xiǎng　　xiǎo péng yǒu men　　nǐ men píng shí　jì zhàng
想 一 想： 小 朋 友 们， 你 们 平 时 记 账

ma
吗？

xiǎo tiē shì　　yǎng chéng jì zhàng de hǎo xí guàn ba　　 tā néng
小 贴 士： 养 成 记 账 的 好 习 惯 吧！ 它 能

bāng nǐ jié shěng hǎo duō qián ne
帮 你 节 省 好 多 钱 呢！

绵绵要做坚持

mián mián yào zuò jiān chí

14

mián mián yào zuò jiān chí

绵绵要做坚持

yòu ér yuán fèi téng le   wèi shén me ne   yuán lái shì xióng
幼儿园沸腾了！为什么呢？原来是熊

māo bó bo lái le   tā shì cǎo yuán shang yǒu míng de yín háng jiā
猫伯伯来了，他是草原上有名的银行家，

tā céng jīng yòng zhuàn lái de qián zài cǎo yuán jiàn zào le yí zuò yóu
他曾经用赚来的钱在草原建造了一座游

lè chǎng   xiǎo péng yǒu men dōu kě yǐ miǎn fèi qù wán ne
乐场，小朋友们都可以免费去玩呢。

xióng māo bó bo yí tà jìn jiào shì jiù bèi xiǎo péng yǒu men
熊猫伯伯一踏进教室就被小朋友们

tuán tuán wéi zhù dà jiā zhēng xiān kǒng hòu de kāi shǐ tí wèn le
团团围住，大家争先恐后地开始提问了。

xióng māo bó bo yín háng shì zuò shén me de ya xiǎo yā
"熊猫伯伯，银行是做什么的呀？"小鸭

zi róng róng wèn dào yín háng ya jiǎn dān lái shuō jiù shì
子绒绒问道，"银行呀，简单来说，就是

wèi dà jiā yòng qián tí gōng fāng biàn de dì fang bù jí xū yòng qián
为大家用钱提供方便的地方，不急需用钱

de xiǎo péng yǒu kě yǐ bǎ líng huā qián cún jìn yín háng yín háng huì
的小朋友可以把零花钱存进银行，银行会

bǎ qián jiè gěi jí xū yòng qián de xiǎo péng yǒu
把钱借给急需用钱的小朋友。"

96

"熊猫伯伯"，绵绵举起小手提问：

"我的压岁钱存进银行好久，可是利息只有很少，伯伯，我好着急呀。""不要心急呀小朋友，赚钱和投资都是持久的事情，会慢慢积少成多的，成功的人都需要持之以恒的决心和毅力。""嗯，谢谢熊猫伯伯。"

mián mián ruò yǒu suǒ sī de huí wèi zhe xióng māo bó bo de
绵绵若有所思地回味着熊猫伯伯的

huà　 děng dào xiǎo jīn kǎ lǐ de qián duō qǐ lai　 wǒ yāo mǎi hǎo
话，等到小金卡里的钱多起来，我要买好

duō de huā zhòng zài yòu ér yuán lǐ　 huā kāi de shí hou　 huì duō
多的花种在幼儿园里，花开的时候，会多

me měi lì　a
么美丽啊！

xiǎng yì xiǎng　 xiǎo péng yǒu men　 xióng māo bó bo wèi shén me
想一想：小朋友们，熊猫伯伯为什么

huì chéng gōng ne
会成功呢？

xiǎo tiē shì　 chéng gōng xū yào jiān chí　 xiǎo péng yǒu men
小帖士：成功需要坚持，小朋友们

yào yǒu chí zhī yǐ héng de jīng shén é
要有持之以恒的精神哦！

成功需要坚持

省钱的公交卡

shěng qián de gōng jiāo kǎ

shěng qián de gōng jiāo kǎ
省 钱 的 公 交 卡

yǔ jì dào le　　　 zhè jǐ tiān měi tiān dōu shì xì yǔ fēi fēi
雨季到了，这几天每天都是细雨霏霏
de　 chī guò zǎo fàn　　 mián mián chēng qǐ xiǎo yǔ sǎn　 ná zhe mā
的。吃过早饭，绵绵撑起小雨伞，拿着妈
ma gěi de qián　　 lái dào zhàn pái qián děng gōng jiāo chē
妈给的钱，来到站牌前等公交车。

不一会儿，穿着雨衣的小鹿姐姐也来了，她排在绵绵身后。"小鹿姐姐，早上好。""绵绵早啊，今天你也坐公交车去上幼儿园啊。"

zhèng shuō zhe　　 chē jiù tíng zài le dà jiā miàn qián　　 dà jiā
正说着，车就停在了大家面前，大家
yī cì shàng le chē　　 mián mián tóu wán bì　　 kàn dào xiǎo lù jiě jie
依次上了车。绵绵投完币，看到小鹿姐姐
tāo chū yì zhāng gōng jiāo kǎ shuā le yí xià　　 zhī de yì shēng hòu
掏出一张公交卡刷了一下，吱的一声后，
xiǎo lù shōu hǎo kǎ hé mián mián yì qǐ zuò hǎo
小鹿收好卡和绵绵一起坐好。

"小鹿姐姐，坐车刷卡可真神气！"绵绵羡慕地说。"哈哈，绵绵，刷卡可不是为了神气，姐姐刷卡是因为刷卡既能省钱又方便卫生。

kàn zhe mián mián yì liǎn bù jiě de
看着绵绵一脸不解的

yàng zi xiǎo lù jiē zhe jiě shì dào
样子，小鹿接着解释道：

zuò gōng jiāo chē tóu bì yào yì yuán
"坐公交车投币要一元，

dàn shuā kǎ zhǐ yào bā máo qián jiù kě yǐ
但刷卡只要八毛钱就可以

le ér qiě lǎo shī shuō guò yìng bì
了。而且老师说过，硬币

shàng qí shí yǒu hěn duō wǒ men kàn bu
上其实有很多我们看不

jiàn de xì jūn ē shuā kǎ jiù wèi shēng
见的细菌哦，刷卡就卫生

duō le hái shǎo le měi cì dōu yào zhǎo
多了，还少了每次都要找

líng qián zuò chē de fán nǎo
零钱坐车的烦恼。"

绵绵睁大了眼睛，认真地说："刷卡有这么多好处啊，我也要办一张，爸爸妈妈挣钱很辛苦，我应该学会省钱。"小鹿赞同地点点头："对啊，我们都应该学会省钱，绵绵，拿好小雨伞，咱们就要到站了。"

xiǎng yì xiǎng xiǎo
想一想：小
péng yǒu men hái zhī dao
朋友们还知道
qí tā shén me shěng qián
其他什么省钱
de tú jìng ma
的途径吗？

xiǎo tiē shì shěng qián de tú jìng hái yǒu cān jiā tuán
小贴士：省钱的途径还有：参加团
gòu gòu mǎi dǎ zhé cù xiāo de shāng pǐn jí pī fā shāng pǐn děng
购、购买打折促销的商品及批发商品等。

106

绵绵捐钱记

mián mián juān qián jì

16

mián mián juān qián jì
绵 绵 捐 钱 记

dōng tiān de yí gè zǎo chen　　běi fēng hū hū de chuī zhe
冬 天 的 一 个 早 晨 ，北 风 呼 呼 地 吹 着 ，

tài yáng gōng gong duǒ dào le hòu hòu de yún céng lǐ bú yuàn chū
太 阳 公 公 躲 到 了 厚 厚 的 云 层 里 不 愿 出

lai　　mián mián chuān zhe hòu hòu de mián yī　　bēi qǐ xiǎo shū bāo
来 ， 绵 绵 穿 着 厚 厚 的 棉 衣 ，背 起 小 书 包

yí bèng yí tiào de qù yòu ér yuán
一 蹦 一 跳 地 去 幼 儿 园 。

走进教室就看到同学们都围着掉眼泪的小山羊欢欢，原来，昨天晚上的大风把欢欢家的房顶吹坏了，大家都在安慰难过的欢欢呢。

shàng kè líng shēng xiǎng le   měi lì de tiān é lǎo shī zǒu jìn
上课铃声响了，美丽的天鹅老师走进

le jiào shì   dà jiā qī zuǐ bā shé de bǎ huān huān de zāo yù gào
了教室，大家七嘴八舌地把欢欢的遭遇告

su le lǎo shī   tiān é lǎo shī tīng hòu   yì biān bāng huān huān cā
诉了老师。天鹅老师听后，一边帮欢欢擦

yǎn lèi yì biān shuō   huān huān guāi   bù kū le   yǒu kùn nan
眼泪一边说："欢欢乖，不哭了，有困难

dà jiā yì qǐ xiǎng bàn fǎ   hǎo ma
大家一起想办法，好吗？"

tóng xué men dōu fēn fēn biǎo shì yào bāng zhù huān huān　　lǎo
同学们都纷纷表示要帮助欢欢。老

shī gǎn dòng de shuō　　　　dà jiā dōu shì hǎo hái zi　　　ràng wǒ men
师感动地说："大家都是好孩子，让我们

yì qǐ lái bāng zhù huān huān ba　　　dì èr tiān　　tóng xué men yí
一起来帮助欢欢吧。"第二天，同学们一

dà zǎo jiù lái dào xué xiào　　dà jiā gěi huān huān dài lái le zhǎn xīn
大早就来到学校，大家给欢欢带来了崭新

de qiān bǐ hé hé xiǎo běn zi　　wēn nuǎn piào liang de xiǎo shǒu tào
的铅笔盒和小本子，温暖漂亮的小手套

hé xiǎo wéi jīn
和小围巾。

　　mián mián dài lái de shì yí gè gǔ gǔ de xiǎo dài zi　　dà
　绵　绵　带　来　的　是　一　个　鼓　鼓　的　小　袋　子，　大

jiā dōu hào qí mián mián sòng gěi huān huān de shì shén me　　mián
家　都　好　奇　绵　绵　送　给　欢　欢　的　是　什　么。　绵

mián bǎ xiǎo dài zi dì dào huān huān miàn qián　xiǎo xin de bǎ tā
绵　把　小　袋　子　递　到　欢　欢　面　前，　小　心　地　把　它

dǎ kāi shuō　　huān huān　zhè shì wǒ píng shí cún de qián　qǐng
打　开　说：　"欢　欢，　这　是　我　平　时　存　的　钱，　请

shōu xià ba　　huān huān hán zhe yǎn lèi shuō　　xiè xie dà
收　下　吧。"　欢　欢　含　着　眼　泪　说：　"谢　谢　大

jiā
家。"

zài dà jiā de bāng zhù xià　　huān huān jiā de fáng zi hěn kuài
在大家的帮助下，欢欢家的房子很快

jiù xiū hǎo le　　huān huān hé bà ba mā ma yòu yǒu le yí gè wēn
就修好了，欢欢和爸爸妈妈又有了一个温

nuǎn de jiā
暖的家。

xiǎng yì xiǎng　　xiǎo péng yǒu men　　nǐ men zhī dao cí shàn de
想一想：小朋友们，你们知道慈善的

yì si ma　　zěn me yàng yòng qián cái néng gèng yǒu yì yì ne
意思吗？怎么样用钱才能更有意义呢？

小贴士：慈善行为有：给予他人帮助，如捐助灾民、给红十字会和希望工程捐款，支援国家建设等。

编后记

　　满怀欣喜和憧憬，《中小学生金融知识普及丛书》带着浓浓的墨香终于和大家见面了。这是一套承载社会责任、宣传金融知识的科普读物。

　　1991 年春天，邓小平同志提出了"金融很重要，是现代经济的核心。金融搞好了，一着棋活，全盘皆活"的著名论断。这一论断精辟地说明了金融在现代经济生活中的重要地位，深刻揭示了金融在我国改革开放和现代化建设全局中的重要作用。我国改革开放的巨大成功也全面地诠释了邓小平同志的英明论断。

　　近几年来，发端于美国次贷危机的全球金融危机，说明过度的金融创新会严重扰乱经济安全和社会政治稳定。但另一方面，我国金融创新不足也不适应市场经济的发展。基于这些认识，潍坊市人民政府原副市长刘伟同志提出编写一套中小学生金融知识普及丛书，旨在从金融教育入手，培养金融人才，推动金融发展。潍坊市金融学会承担了这一任务，历时两年多，终于结集成书。

　　在丛书出版之际，我代表编委会特别感谢原国务委员、第十届全国政协副主席李贵鲜同志，他欣然为丛书题词，这是我们莫大的荣幸。特别感谢中国人民银行济南分行党委书记、行长杨子强同志，他在百忙中专门为丛书撰写了序言。同时还感谢中国金融出版社对丛书编写给予的宝贵指导和为丛书出版所付出的辛勤劳动。

总编　刘福毅

二〇一二年六月